August Alwin Lehmann

Ein Beitrag zur Völkerkunde.

Sprache der Techniker

August Alwin Lehmann

Ein Beitrag zur Völkerkunde.
Sprache der Techniker

ISBN/EAN: 9783742869647

Hergestellt in Europa, USA, Kanada, Australien, Japan

Cover: Foto ©berggeist007 / pixelio.de

Manufactured and distributed by brebook publishing software
(www.brebook.com)

August Alwin Lehmann

Ein Beitrag zur Völkerkunde.

Ein Beitrag zur Völkerkunde.

mit spezieller Schilderung der hier eingedrungenen
Völkerschaften:

„Techniker".

Eine wissenschaftlich angehauchte, nach lakonischen, biero-
logischen, humoristischen Grundsätzen, mit Berücksichtigung
der eigentümlichen (Sprache der Techniker,) bearbeitete
Kater-Idee,

zur Jubelfeier

jener Völkerschaften illustriert und brochiert herausgegeben

von

August Lehmann.

Mittweida.
Verlag von Heinrich Schlüter.
1892.

Der berühmte Philosoph Heraklit sprach einst das grosse Wort gelassen aus: „πάντα ῥεῖ", d. h. auf deutsch: „Alles ist im Fluss".

Ich weiss nicht, ob daraus durch eine Verdrehung oder allmähliche Herauskristallisierung jener noch heutzutage gangbare Ausdruck: „Alles ist im Schuss" entstanden ist. Aber wie dem auch sei; ob Fluss ob Schuss; der Sinn ist ein ähnlicher.

Jenes Philosophenwort deutet eben darauf hin, dass alles in der Welt in einer fortwährenden Bewegung (Heraklits „perpetuum mobile") sich befindet, dass es mithin keinen Stillstand giebt. Ein ewiges Kommen und Gehen herrscht auf der Welt. So z. B. werden alte Völker unmodern und verschwinden von der Weltbühne; neue, den Zeitverhältnissen sich anpassende, machen sich an deren Stelle breit. Um dem Leser ein ganz passendes

1

Beispiel vom Entstehen und Sichverbreiten moderner
Völkerschaften zu geben, brauchen wir nicht erst
in die Ferne zu schweifen, sondern wir halten uns
an Goethe's Wort:

„Willst du in die Ferne schweifen,
Sieh', das Gute liegt so nah."

Gut denn, bleiben wir in der Nähe, ganz in der
Nähe, so finden wir jetzt in unserer Stadt, viele
Völkerschaften, welche den Sammelnamen
„Techniker" führen, die vor ca. 26 Jahren hier
noch nicht existierten. Es muss demnach vor
25 Jahren eine Völkerwanderung in unsere Gegend
und eine Ansiedelung jener neuen Völkerschaften
hierselbst stattgefunden haben. Fragt man nun
aber nach dem Grunde jener Völkerwanderung, so
ist bekannt, dass damals (wie auch noch heute)
ein gewisser Durst — ob es Wissensdurst, Thaten-
durst u. s. w. gewesen ist, darüber sind sich bis
dato die Geschichtsschreiber noch nicht einig —
jene Völkerschaften aus ihrer alten Heimat zur
Auswanderung und Niederlassung in hiesiger
„feuchter" Gegend veranlasst haben muss. Natürlich fand der Zuzug in unsere Gegend sehr allmählich statt; denn jene Völkerschaften, welche nicht
ganz unkultiviert waren, liessen erst durch Kund-
schafter die hiesige Gegend ordentlich rekognoszieren.
Und da alles für gut befunden, sangen die ersten
Ankömmlinge: „Hier lasst uns Hütten bauen" und

gründeten die ersten „Buden". .Es vergingen im
Fluge die Jahre. . Die Ansiedelungen nahmen stetig
zu. Und als dann eine Stammburg, „Technikum"
genannt, stolz ihr Haupt erhob, .da strömten immer
neue Scharen aus allen Himmelsgegenden herbei,
so dass schliesslich die Stelle, wo einst wüstes
Land war und nackte Cordieritblöcke lagen, welt-
berühmt wurde.

Beschäftigen wir uns zunächt mit der Stammburg. Dieselbe ist ein kolossales, schwerfälliges
(nach den Fallgesetzen) Gebäude von gewaltigen
Dimensionen und daher auch schwer einzunehmen,
zumal da man sich erst bis zu ihr von drei Seiten
durch die Büsche schlagen muss. Daher kommt
es auch, dass oft viele Mitglieder jener Völkerschaften den Weg zur Stammburg verfehlen und
sich seitwärts durch die Büsche schlagen, um einer
anderen Burg, der Wartburg, Robertsburg,
Theaterburg, Albertsburg u. s. w. in die Hände
zu fallen. Es kann uns diese eigentümliche Wechsel-
beziehung zwischen der Stammburg und den Neben-
burgen nicht sonderlich wundern, da alle diese
Burgen demselben Prinzipe huldigen, nämlich der
Stillung des Durstgefühles.

Im Erdgeschoss der Stammburg sind neuerdings
mächtige Maschinen aufgestellt worden, die jene
Burg schier uneinnehmbar machen, da ein einziger
Schlag oder Blitz jener Maschinen sofort den

Fremdling, wenn er ein „bos" ist, betäubt, wenn
er ein „homo" ist, tötet. Seitdem diese Sicherheits-
massregel gegen die Invasion Fremder seiten der
Stammburg zu Gunsten ihrer wahren Bewohner
getroffen worden ist, findet ein noch grösserer Zuzug
statt. So viel zur Charakteristik der Stammburg. —
Jetzt wollen wir uns mit den Völkerschaften,
die jene Stammburg frequentieren, resp. frequentieren
sollen, ein wenig beschäftigen.

Die Ureinwohnerschaft von Mittweida, vulgo
„Philisterei" genannt, gab jenen zugezogenen Völkerschaften den Sammelnamen „Techniker", der sich
bis auf den heutigen Tag erhalten hat.

Woher kommt der Name „Techniker"?

In den Annalen eines gewissen Bierologen
Lehmann finde ich folgende Erklärung: Die Techniker nennen sich nach ihrer Stammmutter, der
Göttin τέχνη, d. i. Kunst, „Techniker". Diese
Göttin soll einst mit dem Jupiter, der sich in eine
Dampfwalze verwandelte, in die Gegend Babels
geflüchtet sein. Dass Jupiter derartige Metamor-
phosen liebte, ist weltbekannt. Hat er sich doch
einst in einen Schwan verwandelt, um mit seinem
Gesange die Leda zu bethören, die vor Schreck
ein Ei legte, welches noch unlängst in Sparta in
einem Tempel gezeigt wurde. Auch unsere Dichter
kennen den Jupiter ganz genau. Singt doch einer
von ihnen zu Jupiters Lobe und Charakteristik also:

„Jupiter, der alte Gott,
Das war ein rechter Hottentott."

Kurz und gut, zwischen Jupiter und der Göttin τέχνη
entspann sich zunächst ein zärtliches tête-à-tête;
daraus entstand schliesslich ein Herzklappenfehler, *)
und der gute Gott Mercur verordnete den Herz-
kranken eine innigere Verbindung, d. h. also —
die Ehe. Aus dieser Ehe ging nun zwar kein Ei,
sondern — der erste Techniker hervor. In kurzer
Zeit war die Gegend um Babel voll Techniker, die,
um sich die Langeweile zu vertreiben und ihre ererbten technischen Eigenschaften zu prüfen, den Turm-
bau zu Babel unternahmen; denn dieser Turm sollte
ihnen zu astronomischen und meteorologischen Beobachtungen dienen. Bekannt ist dann die während
des Baues unter den Technikern eingetretene Sprach-
verwirrung, welche sich bis auf den heutigen Tag
erhalten hat; denn man gehe einmal in eine öffent-
liche Versammlung jener Völkerschaften, so hört
man sie in Dutzend „Zungen" reden. Da sich nun
jene Techniker um Babel herum nicht mehr verstanden, sangen sie zum Abschied „Studio auf
einer Reis'" und trennten sich, wie Hercules am
Scheidewege, in x Teile nach der Gleichung:

$$x : \alpha \,(\text{Ansiedelung}) = A\,(\text{Anziehung}) : a\,(\text{Abstossung}).$$

*) Manche nehmen auch an, dass beim Fahren auf der
Dampfwalze die linke Herzklappe lädiert worden sei.

Ein Teil dieser Gleichung überstieg den Kaukasus und kam in unsere Gegend. —

Eine zweite Erklärung des Namens „Techniker" ist folgende:

Das Wort „Techniker" ist ein zusammengesetztes, dessen Bestandteile sind: a) τέχνη = Kunst und b) nicken = einschlafen, weil die Techniker nämlich oft bei der Arbeit und bei ihren Zusammenkünften auf der Stammburg einschlafen sollen. Ob diese Eigenschaft ebenfalls eine ererbte ist, indem Jupiter die τέχνη, ehe er sich ihr näherte, eingeschläfert, also hypnotisiert haben soll — welche Kunst auch heutzutage noch von einem gewissen Techniker Mr. Meunier de Paris mit grossen Erfolgen betrieben wird — ist zur Zeit noch unentschieden. Jedenfalls steht nach der neuen Vererbungstheorie unzweifelhaft fest, dass nicht allein vom Vater, sondern auch von der Mutter Eigenschaften auf die Kinder durch die chromatophile Substanz übertragen werden können. Wir werden später von der chromatophilen, d. h. farbstoffliebenden Substanz des Keimplasmas noch näher zu sprechen haben, wenn wir auf das Kapitel „Couleur" stossen.

Es giebt nicht Wenige, die der Ansicht sind, dass der Name „Techniker" von dem Kunst- und Putzsinn jener Völkerschaften herrührt. Man gehe z. B. auf ihre „Buden" oder „Kneipburgen" etc.,

so wird dem aufmerksamen Beobachter der grosse
Kunst- und Putzsinn jener fremden Stämme sofort
auffallen. Alles wird dekoriert, nicht allein in der
Stadt, sondern auch in den Bergen. Wo bleibt da
Kieselack? —

Noch Andere meinen, dass schon früher in
Mittweida vor Erbauung der jetzigen Stammburg
eine kleine unansehnliche Burg bestanden haben
soll, die den Namen „Technikum" führte. Da aber
diese alte Burg mit Gründung der neuen von der
Bildfläche verschwand, so übertrug sich der Name
auf die neue. Nach der Stammburg sollen
demnach die Techniker ihren Namen führen.
(technicer, technica, technicum = alles was zur
Leibesnotdurft und Nahrung eines Technikers gehört. — M. Eyer's neuestes Lexikon.)

Bekanntlich hat sich neuerdings der Darwinis-
mus immer mehr Bahn gebrochen, und man hat
nach ihm auch das Entstehen, die Entwicklungsgeschichte des Technikers eingehend studiert.
Da aber eine Beschreibung dieser Entwicklung in
ihren einzelnen Phasen ohne Zeichnungen wenig
verständlich sein würde, so verweise ich den Leser
auf beifolgende Skizzen (Abbildung I), welche ihm
den Vorgang der Metamorphose genau wiedergeben.

Es liessen sich noch einige andere Erklärungen
für den Namen „Techniker" beibringen. Da aber
dieselben zu gesucht sind und daher auch wenig

der Wahrheit entsprechen können, so will ich sie
übergehen und die Leser auf das jüngst erschienene
Werk „de technicis rebus" verweisen, welches unter
anderen Dingen noch interessante Notizen über das
Verhalten der ersten Techniker um Babel herum
bringt, woraus hervorgeht, dass schon damals das
Ingenieurwesen in hoher Blüte stand.

Nachdem wir also zunächst den Sammelnamen
der neuen Völkerschaften definiert und dadurch in
das richtige Licht und Verständnis gesetzt haben,
so müssen wir uns jetzt mit den Sitten, Ge-
bräuchen und Gewohnheiten, kurz mit der
Lebensweise jener Techniker ein wenig näher
beschäftigen, weil aus diesen Befunden so mancher
in der Jetztzeit sich stark geltend machende Trieb
— ich erinnere nur an jenes unbewusste Durstgefühl — sich leichter erklären lässt.

Wir müssen der Charaktereigentümlichkeiten
wegen, welche die meisten Techniker heute zur
Schau tragen, annehmen, dass schon viele Jahrhunderte v. Chr. eine Vermischung der hier
in Rede stehenden Völkerschaften mit alten Ger-
manenstämmen stattgefunden hat. Dass man
wirklich eine derartige Kreuzung annehmen kann,
dafür spricht schon die einfache Thatsache, dass
jeder stille Beobachter, mit einigem wissenschaftlichen Interesse und einer Blendlaterne ausgerüstet,
noch heutzutage nächtlicher Weile so manchen

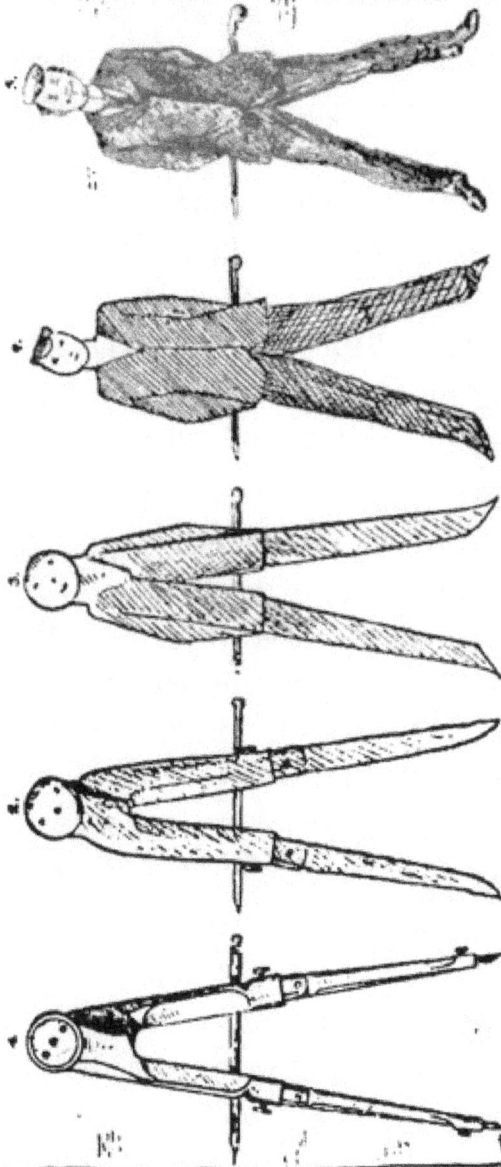

Der Techniker.

No. 1.

Techniker mit einer Blondine am Arm antreffen
kann. Auch hier macht sich ein ererbter Trieb
geltend. Wahrscheinlich wird Jupiter einst mit der
Techne längere Zeit, ehe er sie beschwatzte, promi-
niert haben, und diese pendelnden Bewegungen haben
sich gemäss der Vererbungstheorie dem Keimplasma
mitgeteilt. Nach dem jetzigen Stande der modernen
Wissenschaften ist ja wahrscheinlich die ganze Welt
aus pendelnden Molekularbewegungen entstanden.

Aber aus dieser Kreuzung mit den alten
Germanen ergiebt sich auch mit Leichtigkeit die
Erklärung für jenes unbestimmte Durstgefühl;
denn abgesehen von jener jedem Kinde bekannten
Stelle des Tacitus, welche heisst: „Die alten
Deutschen tranken noch eins" u. s. w. habe ich
durch eifriges Studium des Werkes „de moribus
germanorum et gentium succedentium" fol-
genden, dem Baue und Inhalte nach merkwürdigen
Hexameter mittelst Transmission ans Tageslicht
gezogen:

„Semper ludunt Scatum
bibuntque pulcherrimum Methum"

d. h. auf deutsch:

„Und sie spielten ihr Skätchen und
Tranken vorzüglichen Methchen".

Kann jetzt noch jemand daran zweifeln, dass
auch dieses Durstgefühl ein ererbtes ist? —

Übrigens sei noch bemerkt, dass Pytheas ums
Jahr 300 v. Chr. der erste ist, der über die im
Norden wohnenden germanischen Stämme und deren
„Stoffe" uns berichtet. Derselbe hatte auf seinen
„Bierreisen" längs der Ostseeküste Gelegenheit
zu beobachten, dass diejenigen Stämme, deren Land
Getreide und Honig erzeugte, sich aus diesen ein
Getränk bereiteten. Tacitus als zweiter im Bunde
erzählt uns von dem aus Gerste gebrauten, wein-
artigen Getränke der Deutschen. Soviel steht fest,
dass die biedern Germanen auf ihren Bärenfellen
verschiedene „Stoffe" zu brauen verstanden. Unsere
kultivierte Zunge mit den verfeinerten Geschmacks-
wärzchen würde vielen von jenen Stoffen keinen
sonderlichen Geschmack abgewinnen können, zumal
da jene Stoffe sämtlich ungehopft waren. —
Die alten Germanen waren ein Nomaden-
volk. NB.! Es giebt auch Schriftsteller, welche
nicht Nomaden-, sondern Pomadenvolk zu lesen
wünschen, weil die alten Deutschen (und auch ihre
Nachkommen) ein „pomadiges", d. h. ein schwerfälliges, phlegmatisches, vor allen Dingen aber un-
praktisches Volk gewesen sind. Und dies hat auch
seine Richtigkeit, wenn wir die Germanen mit
anderen Völkern, die gemäss ihrer lebhaften Bewegungen Quecksilber im Leibe zu haben scheinen,
vergleichen. Heisst es doch gar nicht mit Unrecht
noch heutzutage über die Denkart, Handlungsweise

und den wenig praktischen Sinn unsereres Volkes
z. B. im Vergleich mit den Amerikanern: „Der
Deutsche baut sich eine Weltanschauung, der
Amerikaner aber — ein Haus!" —
Kurz und gut, die Techniker, als Abkömm-
linge eines Nomadenvolkes, führten und führen
noch heutzutage teilweise ein Nomadenleben.
Man denke nur an die vielen Techniker-Um-
züge und Budenwechsel. Findet z. B. ein Logis-
wechsel statt, so singen Freunde und Bekannte des
Umziehenden das Lied:

> „Nun leb' wohl, du kleine Gasse,
> Nun ade! du stilles Haus",

und nachdem das Lied verklungen ist, setzt sich
die Horde im Gänsemarsch in Bewegung. Jeder
Zugteilnehmer („Kameel") trägt einen Ehrengegen-
stand des Umziehenden (Friedenspfeife, Schild,
Schwert, Tabaksbeutel, Stiefelknecht und Kragen),
und in höchst feierlicher Weise wird der Umzug
bewerkstelligt nach der Melodie des Chopin'schen
Trauermarsches mit folgendem untergelegten Texte:

> „Wer wird denn so dämlich sein,
> Steigen in das Grab hinein,
> Liegen da so ganz allein,
> Mang das krabblige Gebein?"

Oft wird beim Umzug von vornehmeren, reicheren
Stammesgenossen der „Igel" angenommen, aber
letzteres Verfahren ist erst neuerdings gemäss der
Verfeinerung der Kultur Mode geworden. Dass

beim Umzuge gerade der „Igel“ hilft, ist leicht
verständlich; denn wer könnte die Gläubiger des
armen Technikers von seinen Sachen besser ab-
halten, als die Stacheln eines Igels?
Ein ewiges Kommen und Verschwinden ist bei
jenen Völkerschaften gang und gebe. Bald schlägt
der Techniker in der Albertsburg, bald in der Wartburg, bald in der Stammburg oder auf seiner Bude
(namentlich zur Nachtzeit) sein Zelt auf und geht
seinen ererbten Gewohnheiten nach. Bald zieht der
Techniker gleich dem Zugvogel in ferne Gegenden,
z. B. nach Karlsruhe. Letzteres dient, wie schon
der Name sagt, als Erholungsstation. Ein gewisser
Techniker Karl, der in jener Stadt 50 Semester zur
Pflege seines Körpers zugebracht hat, gab der Stadt
den Namen „Karlsruhe“. Seit jener Zeit ruhten
schon viele andere Kärle dort aus. Und dieser
Drang nach Karlsruhe hat sich bis auf den heutigen
Tag bei unsern Technikern erhalten.
Im Grossen und Ganzen jedoch kann man sagen,
dass jetzt bei Invasion des 20. Jahrhunderts schon
ein grosser Teil jener Völkerschaften das Nomaden-
fell abgestreift und sich allmählich verpuppt, d. h.
sesshaft gemacht hat. Wie aber der Germanen
Nachkommen, nachdem sie ansässig geworden, ein
anderes Leben und andere Beschäftigungen trieben,
namentlich Ackerbau und Viehzucht, so mussten
auch die Techniker, nachdem sie einmal sess-

haft geworden, sich mehr einer sitzenden Beschäftigung, nämlich dem Skatbau und der Bierzucht, hingeben.

Der Skatbau (gewöhnlich unter Dampfbildung) wird mit und ohne „Wanzen" betrieben. Angenehmer ist derselbe manchmal mit Wanzen, weil nach bestimmten Gesetzen die Wanzen sich eines gesitteten, anständigen Benehmens zu befleissigen, die Skatbauer mit dem nötigen „Stoff" zu versorgen haben, auch, wenn erwünscht, mit dem eigenen „Draht" zur Herstellung des Baues beitragen müssen u. s. w. Dass neben dem Skatbau gleichzeitig Bierzucht getrieben wird, wird jeder leicht einsehen; denn eins ohne das andere (man vergleiche Ackerbau und Viehzucht) ist ein Unding. Der Bau ergiebt die Zucht. Und um Zucht treiben zu können, muss man bauen; daher auch der Bau der Stammburg zur Zucht von Technikern.

Durch die Bierzucht hat man es dahin gebracht, (cf. Hühnerzucht) sog. „Bierhühner" zu züchten. Da nämlich bei der Bierzucht auch öfters Cayennepfeffer (z. B. in Rollmöpsen, Pfeffergurken etc.) verfüttert wird, so nehmen die damit gefütterten — wie die Hühner — allmählich eine blassrote Farbe an, welche in feuchter Luft tiefrot wird. Dieses Phänomen ist namentlich sehr günstig im Gesicht zu beobachten und führt den populären Namen „Bierfahne". Derartige „Bierhühner" zeigen

dann wie Wetterpropheten das Herannahen des
Regens schon mehrere Stunden vor Eintritt des-
selben an durch einen deutlichen Wechsel der
„Bierfahne". Jeder Stamm züchtet mehrere Bierhühner, um bei Exbummeln stets Wetterpropheten
zur Hand zu haben. —

Lansius klagt in orat. pro germania, pg. 86
darüber, dass die Thaten der alten Germanen leider
der Nachwelt nicht erhalten worden sind,

> „Weil sie nicht führten die Feder,
> Sondern die Schwerter,
> Sich nicht trugen mit Pappier,
> Sondern mit dem Rappier."

Dieselbe Klage könnte auch ich anstimmen in-
betreff unserer Völkerschaften; denn vergebens habe
ich nach Aufzeichnungen über ehemalige Kämpfe,
Thaten u. s. w. gesucht. Soviel habe ich jedoch
in Erfahrung gebracht, dass die Kämpfe mit
Rappieren bei unsern Völkerschaften sehr beliebt
waren. Früher fanden diese Kämpfe geheim
und mit geschliffenen Waffen statt, aber nachdem
mehrere Nasenspitzen abhanden gekommen, und der
Polizei es schwer wurde, die bepflasterten Gesichter
differential diagnostisch zu unterscheiden, anderer-
seits die Ureinwohnerschaft ob der wilden Kämpfe
in grosse Aufregung geraten war, so wurde die
geheime Kampfesart aufgehoben, und die Kämpfer
zum Schutze des Publikums und ihrer selbst mit
Maulkörben und Brustschildern versehen.

Neben diesen Kampfesübungen giebt man sich
auch gerne der Jagd hin. Diese Jagd findet nicht
allein des Nachts auf der Bude statt nach Kater-
bazillen und ähnlichem Untier, sondern namentlich
gegen Abend in Anlagen, auf Strassen, Tanzböden
etc., so dass kein Mittweidaer mehr ins Theater zu
gehen braucht, um den „Raub der Sabinerinnen"
zu sehen; denn dieses Vergnügen kann jeder Philister
Abends unentgeltlich geniessen, höchstens einmal
mit Empfang einiger blauer Flecke, worüber dann
am nächsten Tage die Polizei die Quittung aus-
stellt. Mit welcher Raffinade und welchen sicht-
baren Erfolgen diese Jagd auf das genus femi-
ninum utriusque gradus getrieben wird, kann
jeder kennen lernen, der sich einmal in einen
Hinterhalt legt und von dort aus ungestört seine
Beobachtungen anstellt. Daher, liebe Mutter, merke
dir das Verslein:

> „Es giebt der Wörter viel auf „us"
> Vor denen man sich hüten muss,
> So unus, solus, Technikus!"

Erklärung der Attraktion des genus femi-
ninum: Bekanntlich ist jeder Mensch mit einer
Portion elektrischer Kraft geladen, die aus positiver
und negativer Elektrizität sich zusammensetzt
(positiv meistens beim Männlein, negativ
beim Weiblein). Nun sagt ein bekanntes physi-
kalisches Gesetz: Ungleichartige Elektrizitäten ziehen

sich an; ergo kristallisieren sich je ein Männlein
mit einem Fräulein oder umgekehrt zusammen, je
nach der Entfernung und Lage der Kristalle. Bei
der Vereinigung ungleichartiger Elektrizitätsquellen
muss aber stets bei genügender Nähe eine Ent-
ladung stattfinden, oder es kommt bei grösserer
Entfernung zu einer Spannung, d. h. zu einem
Verhältnis der verschieden geladenen Personen
resp. Gegenstände. Nach einem bekannten Gesetze
ist die Spannung proportional den Massen der
Elektrizität. Das Gesetz der Spannung nützen
auch die Kneipwirte aus, indem sie ihre Lokalitäten
mit möglichst viel negativer Elektrizität laden, so
dass eine starke Differenz zwischen den „negativen" Kneipen und der „positiven" Umgebung stattfinden muss. Da aber überall auf
der Welt das Gesetz von der Ausgleichung der
Kräfte Giltigkeit hat, und überall neben negativer
Elektrizität auch positive zu finden ist, so muss
nach jenen in hoher Spannung sich befindenden
negativen Räumlichkeiten ein fortwährender Zuzug
positiver Elektrizität stattfinden, namentlich des
Abends, weil dann die am Tage aufgehäufte Energie
sich in Bewegung umzusetzen sucht. (Gesetz von
der Erhaltung und Vermehrung der Kraft.)

Neben diesen Jagdabenteuern bringen die Techniker auch einen Teil des Tages mit Ausschmückung
ihrer Kneipen und Buden, ja auch zum Zeichnen

No. 2.

zu. Es ist bekannt, dass die Ureinwohner Europas
— man denke nur an die Steinzeit — gerne nach
der Natur zeichneten und „das weidende Renn-
tier" und ähnliche nach der Natur gezeichnete
Tiere können noch heutzutage jeden Künstler be-
friedigen, so schön ist die Ausführung jener Schnitz-
werke. Dieses Zeichnentalent hat sich bei der
Kreuzung ebenfalls auf die neuen Völkerschaften
vererbt. Sehr gut lässt sich dieses Talent aus den
Skizzen in den Annalen (Bierzeitungen) erkennen,
weil dort sich noch ein unbefangener Sinn in un-
gekünstelten, der Natur abgelauschten Positionen
der mannigfachsten leiblichen Bedürfnisse kund
giebt.

Nirgends ist das Heerdenprinzip so. aus-
gebildet als bei diesen Völkerschaften. Man sieht
sie heerdenweise zu bestimmten Zeiten nach der
Stammburg ziehen behufs Besprechung wichtiger
Angelegenheiten, mit grossen hölzernen Tförmigen
Schwertern und quadratförmigen resp. rechteckigen
Schildern bewaffnet. Mit diesen Schildern ver-
schanzen sie sich in geschickter Weise in den Hör-
sälen, um möglichst von ihren Feinden ungesehen
zu bleiben.

Heerdenweise verlassen sie das Raubschloss, um
den letzten Rest des geraubten Tages mit Gelagen
in den Kneipburgen zuzubringen. Namentlich Sonn-
abend abends wird dem Gotte Bacchus ausser-

gewöhnlich gehuldigt. Scharen — mit blauen Mützen
(die Farbe „blau“ als passendes Vorzeichen der
Färbung des nächsten Tages) geschmückt, in der
Hand bisweilen das wuchtige, blinkende Schwert
zum Bacchuskampfe gezogen — stürmen am Bacchus-
tage auf ihre Burgen, um zu Ehren des allgeliebten
Gottes Gesänge und Gelage zu veranstalten. Selbstverständlich dreht sich an einem solchen Abend
alles um Bacchus und später — unter dem Tische.
Bei solchen Gelagen werden auch Stiefel und
Hörner herumgereicht, aus denen jeder einzelne
des betreffenden Stammes einen ordentlichen „Kuhschluck“ ziehen muss zur Kräftigung seines Magens
und seines Verhältnisses zum Stamm. Man hat sich
lange · über diese Sitte des Trinkens aus Hörnern
gewundert und nach einer passenden Erklärung
vergebens gesucht. Erst in der Neuzeit ist über
diese dunkle Frage einiges elektrisches Licht ver-
breitet worden. Den Schlüssel lieferte das Studium
der Germanen vor der Mischung mit andern Völkerschaften.

Bei den alten Germanen nämlich wurde Met
aus grossen Humpen getrunken; dabei schmückten
die Germanen ihre Köpfe mit Hörnern. Nachdem
nun zwischen den Germanen und den Völkerschaften
„Techniker“ eine Kreuzung stattgefunden hat, be-
nutzen letztere die Hörner ihrer Vorfahren zum
Trinken, weil sie sich ihre eigenen Hörner durchaus

nicht ablaufen wollen. Andere behaupten, dass das Trinken aus Hörnern ähnlich dem Nürnberger Trichter wirken solle; daher sind auch namentlich bei festlichen Gelegenheiten die Hörner sehr im Schwunge, um die Lebensgeister, d. h. die Ganglienzellen gehörig in Motion und Aktion zu versetzen.

Was das Trinken aus Stiefeln anlangt, so soll anno x zur Feier der Geburt jenes Technikers Karl (cf. Karlsruhe) ein grosser Konkurs der „alten Häuser" stattgefunden haben, und da die Wirte nicht mit den Gläsern reichten, kam ein „altes Haus" auf den Gedanken, seine Kanonen (nicht zu verwechseln mit Roberts Kanone) auszuziehen und aus denselben den edlen, das Leben rettenden Saft zu schlürfen. Da jenes alte Haus dem Verdursten nahe war, und jener Stiefeltrunk ihm das Leben rettete, so wurden zum Andenken an jene hervorragende That der Kanonen zunächst Stiefel aus Porzellan, später aus Glas nachgeformt; daher noch heutzutage alle, die zu tief in den Stiefel steigen, mit gläsernen Augen ans Tageslicht zurückkehren. Nach jenen Kanonen wurde dann noch in den 40er Jahren die Schanksteuer „Schank-Kanon" genannt.

Heerdenweise sieht man die Techniker durch die Stadt und aus dem Weichbilde der Stadt zu Kneipburgen in die Umgegend Streifzüge machen, welche man Exbummel nennt, weil ex urbe gebummelt wird.

Wir können demnach behaupten, dass die Techniker im grossen und ganzen Anhänger des Heerdenprinzips sind; mindestens sind sie zu dreien beisammen, um das Skatleben fristen zu können. Ich will aber gleichzeitig bemerken, dass man auch zuweilen einzelne Techniker antreffen kann, namentlich — im Bette. Ja es giebt sog. „Murmeltiere“, welche das ganze Semester in einem hypnotischen Schlafe zubringen (ob Mr. Meunier dabei die Hand im Spiele?) und wie durch Suggestion erst beim Anbruch der Ferien die Augen öffnen, um rechtzeitig das rauhe Klima unserer Gegend mit dem milderen der Heimat zu vertauschen.

Alle Techniker, die in dieser oder ähnlicher Weise ein Einsiedlerleben führen, nennt man ganz passend „Wilde“. Sie schliessen sich ihrem Stamme nicht näher an, besuchen nicht deren Gelage und Biergerichte u. s. w., so dass sie demnach von der höheren „Bierkultur“ nur wenig „beleckt“ sind und im Vergleich zu stammesangehörigen, ergo kultivierten Technikern mit Fug und Recht die Rolle der Unkultivierten seu „Wilden“ spielen.

Wie aber im gewöhnlichen Weltverkehr es eine Aufgabe aller kultivierten Völker ist, von ihrer magischen Erleuchtung den Unkultivierten etwas abzugeben (man denke nur an das schwarze Afrika und an die Kultivierungsversuche der Kulturvölker daselbst), so suchen auch die einzelnen kultivierten

Stämme der Techniker nach Kräften „ihr Licht
unter dem Scheffel" mittelst Flaschenzuges hervor-
zuwinden, um es jenen „Wilden" intensiv leuchten
zu lassen. Man baut behufs Kultivierung der
Wilden bestimmte Fallen nach bekannten Fallgesetzen (Reinfall), richtet das Amt der „Schleppfüchse" und „Keilfüchse" etc. ein, schickt „alte
Häuser" den jungen Semestern auf die Bude, um
sie zum Anschluss an den Stamm zu bewegen.
Diese sog. „Keile" wird namentlich zu An-
fang des Semesters eifrig betrieben, um durch eine
möglichst grosse Anzahl „frischer" Füchse den
Stamm auf den „Damm" zu bringen. Dabei geht
man in äusserst liebenswürdiger Weise den wilden
und unerfahrenen Füchsen zur Hand. Man hilft
ihnen den Überzieher an- und ausziehen, bietet
ihnen mit einem grand compliment einen Stuhl an,
trinkt und singt sie des öfteren an, lässt bekannte
Grössen des Stammes in Thätigkeit geraten, um möglichst imponierend auf das wilde Blut einzuwirken.

Haben sich viele Füchse „gefangen", so ist das
ein bedeutender Vorteil für die Burschen, aber für
die armen Füchslein: quae mutatio rerum!

Wir müssen nämlich in jedem Stamme „Freie"
und „Unfreie" (Sklaven oder Diener) unterscheiden.
Die Burschen geniessen alle Rechte und Freiheiten,
daher heisst es auch in jenem Liede:
„Frei ist der Bursch."

Die Füchse dagegen müssen zwei Semester lang
Frondienste (daher der Name „Schleppfüchse",
„Hornfüchse" etc.) leisten und dann erst durch
eine ordentliche Prüfung den Nachweis der Reife
führen, ehe sie in das Burschenreich, in den Ver-
band der Freien aufgenommen werden. Natürlich
hat derjenige Fuchs, welcher sich am meisten servil
benimmt und am meisten die Burschen „bedienert",
auch am ehesten Aussicht mit der Würde eines
Burschen belegt zu werden. Solche Füchse heissen
dann wegen ihrer „servilen" Haltung: „krumme
Füchse".

In demselben servilen Verhältnisse — aber nicht
zu einem, sondern zu allen Stämmen — befindet
sich der „Igel", der auch an Festtagen die Farbe
der Völkerschaften anlegt.

Ausser den Burschen und Füchsen verdient
noch das sog. „alte Haus" spezielle Beachtung.
Wenn nämlich ein Bursche seine Semesterzahl auf
dem Buckel und unter dem Arme sein Reifezeugnis
trägt (letzteres ist nicht unbedingt nötig), so tritt
er ins Staatsleben der Ureinwohnerschaft der Erde
und wird wegen seines vorgeschrittenen Alters von
den bei den Stämmen zurückbleibenden Burschen
„honoris causa" „altes Haus" genannt, weil mit dem
Eintritt ins „Philisterium" die „alte Burschen-
herrlichkeit" dem Einfalle droht. —

Da es schwer fällt, bei wichtigen Angelegenheiten schnell den ganzen Stamm zusammen zu trommeln (das Trommeln würde auch wie alles, was die Techniker thun, als Unfug angesehen werden), so pfeifen sich die Mitglieder eines Stammes gegenseitig (r)aus; denn jeder Stamm hat nämlich seinen bestimmten Pfiff, der, wenn er auf der Strasse ertönt, sofort ein Dutzend Köpfe aus den Fenstern herauslockt. Neben dieser „pfiffigen" Einrichtung besteht auch die Einrichtung der Kneip- oder Spitznamen (weil man beim vielen Kneipen stets einen Spitz bekommt), welche uns zugleich erkennen lässt, dass Nachkommen uralter Stämme sich hier aufhalten. So z. B. fristet jetzt noch ein Nachkomme aus dem Reiche der „Inka" in unsern Mauern sein Leben. Auch ein Sprössling des göttlichen „Caesar" lebt hier in Saus und Braus und „pferjuxt das pfererbte, pfäterliche Pfermögen."

Wir müssen zum besseren Verständnis der Lebensweise unserer Völkerschaften noch einen Blick auf die Nahrungsverhältnisse derselben werfen. Am meisten geniessen jene Stämme eine flüssige Nahrung, sog. „Stoffe". In der Wahl dieser „Stoffe" sind sie nicht sehr wählerisch, wenn sie von „verkohlten" Philistern „geschmissen" werden. Sonst trinken sie meistens nur eine feine Nummer à la Schumann; manchmal bei Katarrhen „Vinum rubrum cum aqua commune dilutum ex urnis". Oft trinken sie auch „pumpweise".

Letzteres findet namentlich bei Abnahme des „Wechsels" statt; denn man darf nicht vergessen, dass nach Falb jede Ebbe und Flut auf der Erde durch Anziehung des Mondes bedingt wird. Dieses Phaenomen der Ebbe und Flut tritt auch in den Geldtäschchen der Techniker ein, nur erscheint in diesem Falle das Ebbestadium bedeutend verlängert, daher viele Stammbrüder jene Zeit mit „Krummliegen" auf der Bude zubringen müssen. — Bei dieser Gelegenheit scheint es zweckmässig zu sein, uns ein wenig mit der Geschichte der „Stoffe" zu beschäftigen. Zur Zeit der Griechen und Römer wurde der Götter-, zu unserer Zeit wird mehr der Personenkultus gepflegt. Warum setzt man dem Erfinder des Bieres, wie dem des Bettes nicht ein Denkmal? Weil man die Namen jener um die Menschheit hochverdienten Persönlichkeiten nicht weiss. Im Mete wie im Bette verschläft man seine Sorgen, und dann kann man mit Recht singen:

„Weg mit den Grillen und Sorgen,
Brüder, es lacht ja der Morgen."

Wahrscheinlich hat ein Zufall die Menschen zur Herstellung des Bieres geleitet. Die alten Ägypter tranken ihr „süffiges" (?) Gerstenbier, mit dem bitteren Samen der Lupine versetzt. Die Griechen und Römer tranken ebenfalls Gerstenbier, Rom auch

DRP
177777.

No. 2.

Weizenbier. Das Bier der alten Germanen beschreibt Tacitus folgendermassen: „Ihr Getränk ist ein Saft aus Gerste oder Weizen, ein Gebräu, das eine gewisse Ähnlichkeit mit schlechtem Weine hat." Vor der Sesshaftigkeit der Germanen wurde Met (mit Wasser verdünnter Honig) getrunken. Met war das Urgetränk der Indo germanen. Später als die Klosterbrüder sich der angenehmen Braukunst hingaben, wurden die „Stoffe" bedeutend verfeinert. Man trank damals schon aus Seideln, die aber — ebenso wie die Klosterbäuche — im Laufe der Jahrhunderte an Umfang abgenommen haben. Die Tabernae oder Schenken sollen schon im Mittelalter alles Unheil auf dieser Welt angerichtet haben. Verschenkte ein Wirt an eine Person zu viel Bier, so wurde er öffentlich auf dem Markte durchgehauen. Leider ist diese humane (!) Einrichtung in unserer modernen Zeit verloren gegangen. Ehedem steckte nicht allein der Papst diese oder jene Person oder Gegend in den Bann, sondern jede Stadt hatte ihre Bierbannmeile, d. h. das Verbot des Brauens und Verkaufes eines fremden Bieres im Umkreise einer Meile vom Weichbilde der Stadt. Schon damals besorgten meistens weibliche Personen (Hebes, jetzt Kellnerinnen genannt) das Ausschenken. Man trank in jener Zeit aus Urnen, d. h. Töpfen, daher noch heutzutage der Ausdruck: Kellner! oder schöne Minna! etc. noch ein Töpfchen! —

Damals soll es unter den Brauern viele Antisemiten gegeben haben; denn anno 1430 z. B. vertrieb man in Dresden einfach die Juden aus ihrer Synagoge und machte daraus ein Bierhaus. In den alten guten Zeiten trank alles, selbst der Stadtrat. Beim Ratsumtrunke aber bekamen die jüngeren Ratsherrn stets die Neigen, und auf ihre Beschwerde befahl der brandenburgische Churfürst à la Küchenlatein:

„Qui ex negis bibit, ex frischibus incipit ille."

Man trank schon im 13. Jahrhundert commentmässig. Das Zu- und Niedertrinken florierte so lange, bis es durch Strafen unterdrückt wurde. Auch sorgte die Bierglocke dafür, dass bei Zeiten (hora decima) die Gäste nach Hause wankten. Im 15. und 16. Jahrhundert kam durch die Studenten das jus potandi ordentlich in Blüte. Man schrieb dicke Bücher über das Saufrecht und trug dicke Bäuche und teilte sogar zu Maximilians Zeiten Deutschland je nach seinem Comment in die alten und neuen Zechländer ein.

Die fürstliche „Braunschweiger Mumme", das „Klosterbier", die „Gose" von Gosslar etc. etc., das waren ehedem hoch berühmte „Stoffe". Jetzt ist Bayern das gelobte Land des Bieres. Noch bis in die neuere Zeit bildete der Gebrauch der „Stoffe" die Grenze zwischen Nord- und Süddeutschland. Den Norddeutschen diente Bier, den Süddeutschen

Wein als Nationalgetränk. Jetzt „suppen" alle —
alles nach dem Grundsatz:

> „Von der Wiege bis zur Bahre,
> Ist der Suff das einzig Wahre!" —

Zu den eigentümlichen Sitten dieser Völkerschaften gehört auch die des Gesundheittrinkens.
Das Einanderzutrinken wird nach bestimmten Vor-
schriften, „Comment" genannt, geregelt. Füchse,
die „keinen Comment im Leibe haben", erzieht der
Fuchsmajor, und durch fleissiges „Spinnen" und
„in den B.-V.-Stecken" wird selbst der üppigste
Fuchs flügellahm gemacht. — Aber auch diese Sitte
resp. Unsitte: Comment zu treiben! ist eine ererbte.
Schon der göttliche Odysseus reichte an jenem bekannten Kneipabend im Zelte des Achilles (cf. Ilias,
IX. Gesang) seinem Wirte die Schale mit den
Worten: „Heil dir Achill!"

Schon bei den Commersen der edlen Griechen
leitete ein durch Abstimmung gewähltes Individuum
die Kneiptafel. Man wählte bei ihnen durch das
Los den „König des Festes" nach dem Grundsatz:

> „Wer am meisten s.... kann ist König!
> Bischof! wer die meisten Mädchen küsst!"

Nach ähnlichen Grundsätzen geschieht auch bei
unseren hier in Rede stehenden Völkerschaften die
Wahl des „Präsiden".

Die Römer brüllten sich beim Gelage in ihrer
mehr prosaischen Redeweise einander „propino" zu,

d. h. sie kamen sich gegenseitig ein „Stück", ein „Fetzen", einen „Kuhschluck" oder „etwas", genau so wie es heute noch unsere Techniker und nach ihnen gelehrige Philister machen. Auch gedachte der galante Römer beim Zechen gerne seiner Liebsten, und beim Rundgesange — „Bruder, deine Liebste heisst?" — schrieb er den Namen seiner angebeteten „Flamme" mit Wein auf den Tisch. Auch diese Sitte in etwas veränderter Form hat sich bis dato erhalten.

In ähnlicher Weise wie die Griechen und Römer zechten die alten Germanen, die alten Haudegen. War aber bei ihnen einer dem andern ein Stück gekommen, und vergass der Angetrunkene das Nachkommen, so betrachtete der Germane dieses Ausserachtlassen des Comments als schwere nur durch Blut zu sühnende Kränkung. Unsere Völkerschaften sind gemäss der Verfeinerung der Kultur nicht mehr so blutdürstig, sondern sie begnügen sich in jenem Falle damit, die Sünder mit „Treten" oder „Spinnen" zu bestrafen. Soviel vom Comment (oder Wie — getrunken werden soll oder muss)!

Ausser den „Stoffen" geniesst der Techniker mit Vorliebe stark gepfefferte, gesalzene, saure Dinge, wie Heringe, Rollmöpse, saure und Pfeffergurken etc. Dadurch findet eine Besänftigung des Magens und gleichzeitig ein novus stimulus bibendi statt. Beliebt sind auch Wurzeln, wie

Radieschen, Rettige u. s. w., welche meistens ausserhalb der Stammburg genossen werden, während innerhalb der Stammburg sich die meisten Techniker an schwerverdaulichen Quadrat- und Kubikwurzeln über — heben.

Die Kleidung jener Völkerschaften variiert an gewöhnlichen Tagen ausserordentlich. Meterlange Schnabelschuhe zur Abwehr der Fremden, keulenartige Spazierstöcke zur Übung der Muskeln und Erhaltung der Kräfte, kurze Röcke aus Sparsamkeitsrücksichten, „westenlose" Brustkörbe, desgleichen mützenartiger Kopfputz werden mit Vorliebe getragen. Zur Verschönerung des Gesichts dienen Klemmer und Pflaster. Bierzipfel erhöhen das Ansehen dem Laien gegenüber, der nicht genug diese putzigen Dinge anstaunen kann. Aber gerade Bänder und Bierzipfel stehen bei diesen Völkerschaften in hohem Ansehen. Sie gelten als besondere Heiligtümer (Amuletts) und werden deshalb meistens verdeckt getragen, damit kein „profanes" Auge auf sie fällt. An Festtagen ist alles „blau". Blau ist die Mütze, blau ist der Kopf. Bei Horden-Umzügen trägt jeder Stamm seinen eigentümlichen Putz (Kopfputz und Bauchbinde); farbige Banner wehen in den Lüften, farbige Schwerter klirren auf den Strassen. Wenn man diese Farbenliebe betrachtet, so muss man unwillkürlich auf den Gedanken kommen, dass sie eine ererbte ist. Aus

der Entwicklungsgeschichte ist nun bekannt, dass
das Gerüst der Keimzellen aus chromatophilen,
d. h. farbstoffliebenden Substanzen (Molekülen) besteht. Diese Molekeln nämlich saugen Farbstoffe,
wenn sie in ihre Nähe gebracht werden, begierig
an, halten sie fest und erscheinen nachher in buntem
Aufputz. (Daher die Putzsucht der Menschen!)
Da nun auch die Techniker alles, was von „Stoffen“
sich in ihrer Nähe befindet, begierig aufsaugen, so
kann es kein Wunder nehmen, dass sie sehr häufig
koloriert, namentlich „blau“ erscheinen, sintemal
blau die offizielle Farbe der Stammburg ist.

Dass aber bei dieser Aufnahme von Stoffen oft
unmässige Quantitäten herabgewürgt werden, ist
bei dem intensiven Drang zu Thätigkeiten leicht
erklärlich. Aber der Wahn ist kurz, der Kater —
lang!

Und damit kommen wir auf ein neues Kapitel
zu sprechen: auf die Krankheiten jener Völkerschaften. Wir können gemäss unserer Aufgabe,
lakonisch zu sein, nur das Notdürftigste bringen.
Zu den wichtigsten Krankheiten gehören: 1) Der
Brand, 2) Der Kater, 3) Der Spitz, 4) Der
Affe, 5) Das Faulfieber.

ad 1) Der „Brand“ äussert sich durch eine
furchtbare Trockenheit und Hitze (ergo „Brand“)
im Rachen und auf der Zunge, welche den armen
Kranken zur Vertilgung grosser Flüssigkeitsmengen

treibt, um den Brand zu löschen. Andere nehmen an, dass die Ursache des Brandes tiefer, nämlich im Magen liege. Aus letzterem entweichen gärende Gase, die in der Gegend des Rachens mit dem Sauerstoff der Luft in Berührung kommen, so dass gerade im Rachen eine äusserst lebhafte Oxydation stattfinden muss, die sich bis zum Brande steigert. Das beste Gegenmittel enthält der „§ 11".

ad 2) Der „Kater". Es kann wohl jemand am nächsten Morgen nach einer Bierschlacht in Brand geraten sein, ohne zugleich einen Kater erwischt zu haben. Der Kater entsteht meistens erst nach reichlicheren Flüssigkeitsergüssen. Das wichtigste Symptom ist ein ganz charakteristischer Stirnkopfschmerz, welcher mit Hilfe der modernen Technologie folgendermassen erklärt wird: Man denke sich von der Mitte der Stirne oberhalb der Nasenwurzel aus nach dem Hinterkopfe zu durch den Schädel eine Axe gelegt, welche durch eine im Hinterkopfe aufgestellte Höllenmaschine in lebhafte Rotation versetzt wird. Vorn in der Augengegend befindet sich an dieser Axe ein Schwungrad, welches mittelst Transmissionen mit den Augäpfeln in Verbindung steht. Dass dem Kranken dabei Hören und Sehen vergeht, dass er deutlich das rotierende Rad im Stirnteile fühlt und diesen „Drehkater" trotz Logarithmen-, Differential- und Integralrechnung nicht zum Stillstand bringen kann, das liegt daran, dass

eine zu starke Feuerung (und Dampfbildung) der
untern Maschine, welche mit jener Höllenmaschine
in Verbindung steht, stattgefunden hat. Erst nachdem das unter der Nase sich befindende Ventil
zum Öffnen sich anschickt, ein Lavastrom gärender
Massen dem gähnenden Schlunde entsteigt und über
die Umgebung sich ergiesst, erst dann wird gewöhnlich der Gang des Schwungrades gehemmt und dadurch der arme Kopf ruhiger. Dass aber auch nach
diesem Ausbruche noch eine gewaltige treibende
Kraft im Kopfe thätig ist, ergiebt schon das Über-
gewicht des Kopfes beim Gange, wodurch ein Hin-
und Herschwanken des ganzen Körpers entstehen
muss. Man hat nun versucht, jene treibende Kraft
im Kopfe näher zu bestimmen, und Mathematiker
vom Fache nehmen an, dass sie proportional dem
aufgenommenen Heizungsmateriale sein soll. Je
intensiver also die Heizung ist, desto mehr Dampfbildung muss eintreten. Die Dämpfe nun entweichen
teilweise aus den Ventilen, teilweise nach oben zum
Hinterkopfe und setzen die daselbst befindliche
Höllenmaschine und indirekt das Schwungrad in
der Stirngegend in Bewegung. Was den Namen
„Kater" anlangt, so soll er von dem katerähnlichen
Gestöhne und Geächze des Kranken herrühren, der
vergebens in dunkler Nacht nach einem Hering
oder einer sauren Gurke die Hände ringt. Schon
die alten Griechen kannten den Katzenjammer.

Nr. 4.

Dioskorides sagt über die schädlichen Eigenschaften des damals beliebten Gerstenbieres: es wirke schädlich auf die Nerven, verschlechtere die Säfte und erzeuge Kopfschmerzen. Hier haben wir die erste Schilderung eines regulären Katzenjammers. Man hat nun die ausgeworfenen Lavamassen, die dem gähnenden Schlunde eines Katerkranken entstürzten, mit grossen Mühen und verbundenen Nasen chemisch und bakteriologisch untersucht und dabei — was für die Diagnose der Krankheit äusserst wichtig ist — den „Katerbacillus" gefunden, der beim letzten Sommerfest der Techniker den profanen Augen des Publikums unter Glas und Rahmen im wissenschaftlichen Kabinet gezeigt wurde. Jener Bacillus hatte schon eine ansehnliche Grösse erreicht, weil man ihn, um ihn überhaupt den menschlichen Augen sichtbar zu machen, durch geeignete Kulturen schon seit fünf Jahren zu diesem Ausstellungszwecke gehörig gemästet hatte. Auch die Kurve, in denen die Massen dem Schlunde entfliegen, hat man genau berechnet und neigt sich immer mehr der Ansicht zu, dass der Auswurf dieser Lavamassen in ballistischer Kurve erfolgt.

Ein Professor der höheren Physiologie und experimentellen Maschinerie giebt für „Kater" folgende Konstruktion an: Die thätige Maschine befindet sich unterhalb des Herzens und hat eine „posthornförmige" Gestalt. Aus dieser Maschine führt nach oben zum

Schlunde und über diesen hinaus bis zum Schädel
eine teilweise spiralig gewundene Kolbenstange, an
der sich in der Stirngegend ein Balancier befindet,
dessen Enden mit den Augäpfeln in Verbindung
stehen. Bei dem Auf- und Abwogen der Gährungs-
massen im Krater findet auch naturgemäss eine auf-
und absteigende Bewegung der Kolbenstange und
eine durch den Balancier vermittelte pendelförmige
Bewegung beider Augäpfel statt. Da die Kolbenstange beim Auf- und Niedergang an der Stirne
reiben muss, so entsteht dadurch jener charakte-
ristische Stirnkopfschmerz. Das Schwindelgefühl
wird durch die pendelnden Augenbewegungen her-
vorgerufen, wodurch einer optischen Täuschung gemäss der Kranke den Eindruck gewinnt, als ob in
seinem Kopfe ein Schwungrad sich befindet. Das
Sausen und Brausen im Kopfe ist selbstverständlich
nur durch die Bewegungen der Maschinenteile bedingt. Einige ganz interessante Erklärungen über
diesen Gegenstand enthält auch das Werk des
Oberingenieurs Suff aus Buxtehude, betitelt „Blüten
des modernen Mechanismus und Schnapp-
matismus". Der Verlag ist bei H. Schlüter in
Mittweida zu erfahren.

Manche verlegen die Ursache des Katers
wohl in mehr bildlicher Weise nach aussen. Sie
stellen sich vor (man vergleiche dazu Abbildung II),
dass über dem alkoholschweren Kopfe des Kater-

kranken ein gewaltiger Kater mit Becken einen
Höllenspektakel erregt, welchen der feinfühlende
Kranke durch Zuhalten der Ohren zu lindern sucht,
während der kranke, träumende, „seelige" (man
betrachte genau das Gesicht!) Bacchusknecht zu
seinen Füssen Rettige, Hering, Pfeife und hüpfende
schäumende Biergläser (als dunkle Reminiscenzen
und Vorahnungen) sieht. Inzwischen machen wackere
„Bierhäuser" dem auf dem Fasse dahinreitenden
Gotte Bacchus ihre Reverenz, ab und zu nach einem
Tropfen edlen, aus dem Fasse fliessenden Nasses
haschend.

ad 3) Der Spitz ist die Vorstufe des Affen und
zeigt sich als erstes Symptom der beginnenden
Alkoholwirkung. Die Zunge wird mobil resp.
schwerfällig je nach individueller Anlage; der
Gang verrät leichte Wellenbewegungen, indem es
jetzt schon schwerfällt, den Schwerpunkt des Körpers
über den Unterstützungspunkt zu bringen. Die
Augen verlieren die Fähigkeit, einen Gegenstand
genau zu fixieren u. s. w. Dabei exhaliert der
Kranke eine Portion Gase, die einen spezifischen
Geruch haben. Will man den Spitz weiter bilden
und in einen ad 4) Affen verwandeln, so braucht
man ihn nur gehörig zu „begiessen", dann nimmt
er mit Leichtigkeit an Wachstum zu und macht
ohne Schwierigkeiten die Metamorphose à la Darwin
durch. Bekanntlich beeinflusst die Quali- und

Quantität der Nahrung ausserordentlich das „Blühen,
Wachsen und Gedeihen" der verschiedenartigsten
Tierchen. Man kann durch Variation der Ernäh-
rungsverhältnisse Tierarten erzeugen, welche sich
gemäss ihres Aussehens ganz merklich von Species
naturac unterscheiden. Man nennt diesen Vorgang
künstliche Züchtung. So kann z. B. auch ein
Spitz durch Variation der Quali- resp. Quantität der
ernährenden „Stoffe" in einen Affen verwandelt
werden, und dieser Affe wiederum nach Einwirkung
verschiedener fördernder Momente das Aussehen
eines Katers annehmen. (Vergleiche dazu auch
Abbildung III.)

ad 5) Noch ein Wort über das Faulfieber,
welches man im Volke 89/90 „Faulenzie" bezeich-
nete, womit aber das Faulfieber der Techniker nicht
verglichen werden darf. Gegen diese Krankheit,
welche namentlich zur Prüfungszeit mit den verschiedenartigsten Symptomen auftritt, giebt es nur
ein Radikalmittel: Luftwechsel und namentlich zur
Auffrischung der schwer beweglichen Ganglienzellen
Seeluft! Daher sah man schon des öfteren be-
deutende Züge unserer Völkerschaften nach Neu-
stadt „abschwirren", wo ihnen das Klima, die ent-
fernte Seeluft und Pflege in der Anstalt ausserordentlich gut bekamen.

Der grösste Teil der Techniker jedoch lässt sich
„keine Ruh' bei Tag und Nacht", sondern grübelt

beständig über ungelöste Probleme. Der grösste
Teil „strebt" in reger Thätigkeit nach Ausbildung
des technischen Prinzips. Dass aber diese Thätig-
keit nicht erfolglos ist, dafür sprechen wunderbare
Erfindungen, die geeignet sind auf der Chicagoer
Weltausstellung alle Welt in Staunen zu versetzen.
Es würde zu weit führen, alle neuen Entwürfe,
Konstruktionen etc. hier anzuführen. Ich will des-
halb nur einiges mit Illustrationen beibringen.

Ein gewisser Techniker „Spund" hat einen
neuen Biermotor konstruiert, der durch ein äusserst
sinnreiches Verfahren in kurzer Zeit 12 Personen
(vergleiche Abbildung IV) mit dem nötigen „Stoffe"
versieht. An diesem Problem arbeitete der an-
gehende Ingenieur Tag und Nacht. Zur Charakte-
risierung der Leistungsfähigkeit jenes Apparates
diene Folgendes:

D. R. P. 17 777 777 . . .
180 %, Nutzeffekt.

Bisher unerreichte Leistung! Konstante Schluck-
weite! Bester Motor für Brauereien etc. Licenz
wird nur leistungsfähigen Firmen erteilt.

$$N = \frac{10000 \cdot Q \cdot H \cdot \infty}{75}$$

Ein anderer angehender Ingenieur hat diesen Durst-
löschungsapparat wesentlich vereinfacht und zugleich
so konstruiert, dass er auf jeder Kneipe ohne besondere Schwierigkeiten angebracht werden kann.

159873

Das Bier wird mittelst eines Motores in ein an der Decke des betreffenden Lokales angebrachtes Fass gepumpt und von hier aus durch Gummiheber etc. nach Belieben den einzelnen Saugbrüdern zur Verfügung gestellt. Beifolgende Illustration (No. V) führt dem Leser den Apparat klar vor Augen.

So will ich denn mit der Schilderung der Sitten, Gebräuche und Fähigkeiten dieser hochinteressanten Völkerschaften schliessen, um andern Personen nicht allen „Stoff" zu rauben, diese Völkerstudie fortzusetzen. Den Technikern aber rufe ich scheidend zu: „Ernst ist das Leben, heiter ist die Kunst!" Darum, Ihr Künstler, seid heiter. Der „Stumpfsinn" kommt von selbst. Und seid Ihr erst Philister geworden, dann singt als Erinnerung an „feuchtfröhliche" Stunden mit mir:

„O seelig, o seelig, ein Fuchs noch zu sein!"

Servus

Anton Lehmann.